花生干燥与储藏技术手册

王殿轩　渠琛玲　陈　亮　白春启　张　浩　编著

中国农业科学技术出版社

图书在版编目（CIP）数据

花生干燥与储藏技术手册 / 王殿轩等编著 .—北京：中国农业科学技术出版社，2018. 12

ISBN 978-7-5116-3932-5

Ⅰ. ①花… Ⅱ. ①王… Ⅲ. ①花生食品–干燥–技术手册 ②花生食品–食品贮藏–技术手册 Ⅳ. ①TS219-62

中国版本图书馆 CIP 数据核字（2018）第 287260号

责任编辑　崔改泵
责任校对　李向荣
出 版 者　中国农业科学技术出版社
　　　　　北京市中关村南大街12号　　邮编：100081
电　　话　（010）82109708（编辑室）（010）82109702（发行部）
　　　　　（010）82109709（读者服务部）
传　　真　（010）82106650
网　　址　http: // www.castp.cn
经 销 者　各地新华书店
印 刷 者　北京地大天成印务有限公司
开　　本　850mm×1 168mm　1/32
印　　张　2.375
字　　数　50千字
版　　次　2018年12月第1版　　2018年12月第1次印刷
定　　价　25.00元

前　言

花生是我国主要食品原料及优质食用油料作物之一，种植面积和总体产量在世界前列。花生在我国许多地区均有较多种植，但总体花生的生产尚处于传统农业向现代农业转变时期。花生产业在注重提高产量的同时，对花生质量的重视程度也在日渐提高。我国花生产后干燥与储藏多以农户为主体，规模化的产后处理也在发展中，但总体产后处理技术尚不完善。花生原料与产品品质的不稳定影响到花生产业发展、产品商品率，产品的质量安全风险依然存在，这也影响着花生产业的发展和市场竞争力的提高。花生的质量除了在种植过程中逐步形成外，收获与产后对花生的质量保护也相当重要。花生产后如果处理不当，或处理不及时，或遭遇灾害天气等，霉变及因霉变产生毒素的风险严重。目前，我国花生产后在传统的自然干燥处理条件下难以得到满足，现代成熟的花生干燥处理技术缺乏，花生储藏防霉、防虫、防鼠等技术应用不足等，更需要花生产后保护知识的宣传与普及，尤其是花生适当干燥和储藏技术的推广应用，以提高花生产后质量保护和技术应用水平。

针对我国花生规模化种植户较少，分散小规模种植户较多的现实，作者从普及科学知识，提高花生产后质量保护意识，减少产后花生有害生物危害和毒素污染风险的意愿出发，按照“通俗实用、言简意赅、图文并茂、视觉友好”的原则，编写了本手册。期希本手册能够对我国花生产后储藏减损、质量保护和产业发展有所裨益。

本手册适用于花生种植业者、花生储运和加工业者及相关领域的学生参考和使用。

作　者

2018年10月于郑州

目 录

一、概述

栽培种花生，学名*Arachis hypogaea* L.，又名落花生、长生果等，是豆科落花生属一年生双子叶草本植物。

世界栽培花生的国家有100多个，亚洲最为普遍，其次为非洲。作为商品生产的国家有10多个，主要生产国中以印度和中国栽培面积和生产量最大。

花生在中国多地有种植，主要分布于河南、山东、河北、辽宁、广东、四川、广西、湖北、江苏、福建、吉林等省（区）。

不同地区的种植时间、种植方式、收获时间、干燥需求、干燥条件、储藏方式等都有很大差异，干燥与储藏技术应用与问题既有共性，也有不同地区的特殊性。

花生含油量高，中国主推花生品种含油量平均在51%以上，目前中国花生总产量中半数以上用于榨油。

花生富含蛋白质，籽仁蛋白质含量高达24%～36%，为含有8种必需氨基酸在内的共含18种氨基酸的球蛋白。

常用的花生种植品种有500多种，截至2016年中国推广的主要品种有30个。近期花生育种技术不断取得新成果，新品种也在不断增加。按照花生荚果和子粒的形态、皮色一般可分为不同类型，其储藏性能略有差异。

刚收获的花生果水分含量高达40%～50%，如不及时干燥降水和妥善处理，极易生芽、发霉、变质等，严重时导致花生堆内部发热，甚至产生真菌毒素，如黄曲霉毒素 。

干燥后的花生也需要适当技术和环境条件下储藏，以避免其吸潮、霉变、变质和遭受害虫、鼠类等的侵害。

（一）常见的花生类型

按花生的荚果和子粒形态、皮色分类的常见类型

常见类型	主要性状
普通型	荚果有果嘴，无龙骨，荚壳表面较平滑，一般较厚，具有明显的网状脉纹；果仁多为椭圆形或长椭圆形，种皮多为淡红色，生育期较长，耐储性较好。
珍珠豆型	荚果茧形或葫芦形，有喙或无喙，脉纹网状，果壳较薄；果仁多为圆形或桃形，种皮浅粉红色为主；休眠期短。
龙生型	荚果龙骨和喙明显，横断面呈扁圆形，脉纹明显；以多仁荚果为主，果仁椭圆形，种皮较暗，多为棕褐色。
多粒型	荚果为3~4仁果，多数荚果喙不明显，果壳较厚；果仁多为圆柱形或三角形，种皮多为红色、红紫色、粉红色，有光泽；休眠期短。
中间型	荚果普通型或葫芦型，果型大或偏大，果嘴明显，网纹线浅或中等。

普通型

珍珠豆型

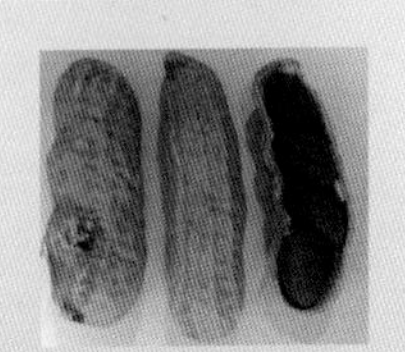
龙生型

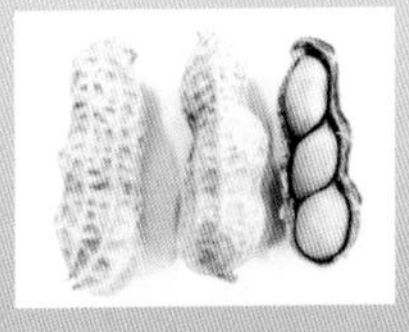
多粒型

中间型

（二）花生收获后的主要问题

霉变

- 花生易于携带真菌（如黄曲霉和寄生曲霉）发生霉变。霉变或受毒素污染的产品主要是收获后水分含量过高、干燥不及时，或阴雨天气条件下霉变、产毒所致。

害虫危害

- 在长时间的储藏中，花生也易于受到储藏害虫的感染和危害。这些害虫除直接取食花生、造成污染和商品受损外，甚至还可以携带霉菌以促进其传播。

冻害

- 收获时水分含量高的花生，在早霜地区或季节低温时会造成冻害，致使花生仁色泽发暗，籽粒变软，有酸败气味等。

影响其卫生、安全和加工。

不完善粒

- 不完善粒的籽粒，不仅影响商品质量等级，也不利于安全储藏，甚至对加工造成不良影响。去除不完善粒还可以在很大程度上去除毒素风险。

（三）花生的水分含量

霉变的首要原因是花生水分含量过高。花生果和花生仁中的水分含量影响其质量、重量，以及花生的安全储藏

1

- 花生收获时水分含量可高达45%~50%，收获后需要干燥降水，防止霉变和其他质量变化。

2

- 在储存和运输中，花生荚果水分含量应在10%以下，花生仁水分含量应在8%以下。通常条件，如储存不当，干燥后的花生也许会返潮，水分含量再次升高，以至于生霉，或严重时产生毒素。

3

- 在早霜地区或季节低温时，收获时因水分含量高花生也易于受冻害，造成花生仁色泽发暗，籽粒变软，有酸败气味等。

4

- 通常的常温和较短时间储藏中，花生果水分含量≤10%，花生仁水分含量≤9%，水分低则相应的储藏稳定性较好。

（四）花生不完善粒中的未熟粒

形成原因

未成熟籽粒会出现于同批生产的花生，成因包括成熟度存在差异、播种方式和种植方式造成发育不完善、田间管理中某些花生成熟较晚、生长后期天气因素影响等。

对产品质量和储藏的影响

- **未成熟花生果通常水分含量较高，易吸湿、霉烂、发热等。混杂未成熟的花生在堆存时容易造成其相对集中，同时混杂较多杂质等，影响到储藏中的安全稳定性。**
- **未成熟花生仁籽粒皱缩，感官品质差，营养组分含量偏低，游离脂肪酸含量偏高，油酸/亚油酸比值低，耐储性较差。**

处理建议

在播种时做好花生种子精选，提高种子净度，加强田间管理，促进花生发育和成熟度一致。收获后适当清理未熟籽粒，尽量干燥储藏，适时通风散热排湿等。

（五）花生不完善粒中的生霉粒

主要特征

- 花生荚果表面有明显霉斑或明显霉变特征。

形成原因

- 收获不及时，花生在土壤中已发霉。
- 收获受天气影响导致霉变。
- 收获后堆存不当导致发霉。
- 整理晾晒不及时、干燥不彻底导致部分发霉。
- 储藏中水分过高或受潮，发生霉变。

质量影响

- 外观出现菌斑。
- 籽粒发软。
- 产生异味。
- 光泽变暗。
- 严重或产生毒素。
- 丧失食用价值。

处理建议

- 及时收获。
- 收获后及时晾晒、干燥降水。
- 如收获后天气不适合干燥，应适时通风，以抑制霉变发热。
- 对混杂霉变粒者。可色选分拣、清理生霉粒。
- 储藏中避免返潮受湿。

（六）花生不完善粒中的虫蚀粒

主要特征

- 花生果被害虫严重危害外观明显受损，储存的堆垛上出现明显或可见丝茧等。
- 花生仁外表有明显害虫取食迹象。
- 花生子叶被害虫感染、侵蚀。

主要原因

- 收获前，花生在土壤中被地下害虫危害而受伤。
- 储藏中，花生被储藏害虫感染、侵食、危害等。
- 感染危害花生的害虫种类较多，主要包括一些蛾类和甲虫类害虫。

质量影响

- 商品外观受损，可能降低等级和市场价值。
- 籽粒保护结构受损，影响储藏安全稳定性。
- 危害严重时，影响和降低营养品质。
- 感染后害虫的虫体及代谢物造成花生污染。
- 影响其卫生、安全和加工。

处理建议

- 将产品储藏于卫生、洁净场所。
- 可采用密封包装、环境防虫等防止感染。
- 低温、干燥抑制害虫发生。
- 必要时，采取熏蒸、气调、冷冻等技术做杀虫处理。

（七）花生不完善粒中的冻害粒

花生收获不及时或新收获的潮湿花生遇到霜冻、过低温气候，发生冻害，形成冻害粒

主要特征

受到冻害的花生果变暗、发黑、潮湿等。

受冻害的花生仁失水、变色等。

形成原因

在有霜冻或低温地区，收获时水分含量过高的花生在温度过低（$<0^{\circ}C$）的条件下，产生冻害。

质量影响

冻害粒籽粒变软，色泽发暗，发芽率和含油量降低，酸价增加，耐储性差。严重时种子甚至会完全失去生活力。

处理建议

结合气候情况适时收获，及时干燥降水，做好其他防冻准备。

（八）花生不完善粒中的酸败粒

花生中发生氧化酸败的颗粒称为酸败粒

形成原因

花生中含具有不饱和键的物质（脂肪、脂肪酸、脂溶性维生素及其他脂溶性物质），这些物质在收获或储藏中因环境影响发生氧化酸败，导致酸败。

质量影响

酸败粒种皮失去原有的色泽，会逐渐变为深褐色。其子叶也会由乳白色慢慢变成透明蜡质状，食味变哈，严重时发出腥臭味。

处理建议

- 适时收获。
- 及时干燥。
- 控制水分和适时通风降温。
- 低氧、缺氧或密闭保存也可抑制酸败。

（九）花生不完善粒中的生芽粒

- 识别特征

在条件适合时，花生种子吸水膨胀，胚根首先突破种皮向下生长，露出白尖，形成生芽粒。

- 质量影响

营养物质消耗、质量降低。

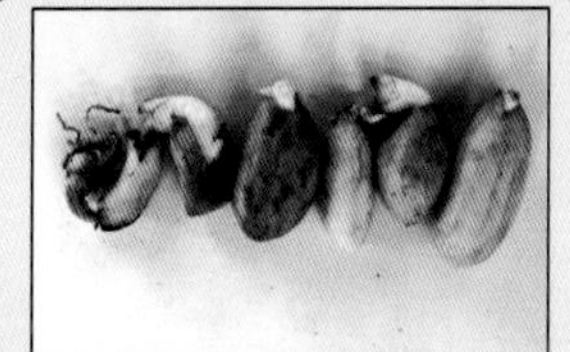

- 形成原因

收获季节阴雨天气、晾晒不及时不彻底、储藏中花生温湿度和水分过高，致使花生生芽。

- 预防措施

环境干燥、降低水分、适时通风、低温保存、密闭防潮。

（十）花生的发芽力

花生的发芽力可用发芽率和发芽指数等表示。

发芽率指试验种子规定时间内正常发芽的籽粒占试样籽粒数的百分率。

发芽指数为发芽后某些天内的发芽数与这些发芽天数之比。

发芽率越高，籽粒生理活性越强。

质量影响

大颗粒、饱满、质量等级高的花生，发芽力高，生理活性强。

成熟度影响

花生成熟度越好，发芽力越强。

实际生产中，种子的发芽力还受到遗传因素、环境温度、水分、酸碱度等外界条件的影响。

（十一）花生的质量指标

花生定等指标与定义

纯仁率：净花生果脱壳后籽仁的质量占试样的质量百分数。

纯质率：净花生仁质量（其中不完善粒折半计算）占试样的质量百分数。

花生果与花生仁质量指标见以下两个表。

花生果质量指标（GB/T 1532—2008 花生）

等级	纯仁率（%）	杂质（%）	水分（%）	色泽、气味
1	≥71.0	≤1.5	≤10.0	正常
2	≥69.0			
3	≥67.0			
4	≥65.0			
5	≥63.0			
等外	<63.0			

花生仁质量指标（GB/T 1532—2008 花生）

等级	纯质率（%）	杂质（%）	水分（%）	整半粒限度（%）	色泽、气味
1	≥96.0	≤1.0	≤9.0	≤10	正常
2	≥94.0				
3	≥92.0				
4	≥90.0				
5	≥88.0				
等外	<88.0			—	

（十二）花生的吸湿特性

食品及原料颗粒从气态环境中吸收或解吸水分的性能称为吸湿特性。干燥花生在潮湿环境中能够吸附空气中的水汽，导致其水分含量升高，称为吸湿、吸潮或返潮。该性能影响花生的质量稳定性。

吸湿的主要原因：

环境湿度大于花生的平衡相对湿度，外部水分进入花生，且花生自身具有相应吸湿结构成分等。

（1）从化学成分上，花生富含蛋白质，具有大量亲水基团，对水汽具有较强吸附能力。

（2）从物体性能上，花生含有多孔毛细管胶体，水汽能够通过扩散进入其内部，并凝聚吸收。

（3）从花生结构上，其吸附表面大，水汽能在其表面发生单分子层或多分子层吸附。

二、花生的干燥

（一）花生的干燥特性

测试表明，在40℃、50℃、60℃的不同干燥温度下，花生荚果水分含量下降速率在前2h内最大，且干燥温度越高，水分下降速率越大。

继续干燥，各温度条件下水分含量下降较均匀，且下降速率比干燥初期变慢。其因或许在于花生壳与果实的干燥速率不一致，花生果实的水分以结合水为主，而花生壳质构疏松，且与空气接触面积大，较易干燥。

整粒花生的干燥速率取决于果实内部水分的转移速度，随着花生水分含量的降低，籽仁内水分转移界面向内退缩，水分迁移至表面的距离变大，花生整体干燥速度降低。

湿花生干燥初期，含水率较大，花生壳的传质速率低于花生仁内部传质速率，水分散失较快，提高干燥温度，水分散失速率亦提高。

干燥中后，花生干基含水率降低，花生仁内部水分扩散速率降低，其传质速率低于壳的传质速率，水分易于滞留在花生壳与花生仁之间的空隙内，提高干燥温度对花生水分传递影响变小。

在较低干基含水率情况下，提高干燥温度，干燥速率不再显著提升。

（二）花生干燥的现状与问题

现状	中国目前花生干燥主要采用自然干燥，即日晒干燥花生，适用于我国国情的机械干燥技术严重缺乏。 有些国家使用的机械干燥技术与设备尚难以适应中国国情。 为了应对恶劣天气影响和花生机械化的发展，适用于我国的花生干燥技术亟待研发。

问题

（1）花生生产机械化导致花生收获日趋集中，晒场不足问题凸显。

花生收获阶段遇到的降雨加剧了花生霉变及产生毒素的风险。

亟须成熟的适用于实际生产的花生干燥技术和装备。

（2）有些地方采用粮食干燥设备兼用干燥花生。

由于其工艺参数设置不匹配、操控不当等问题，严重影响了干燥后花生的品质，并造成了大量资源与能量的浪费。

（3）目前缺乏成熟的花生果机械化干燥工艺，而花生果干燥设备的研发更是几乎处于空白阶段，花生的机干率几乎为零。

（三）花生的晾晒干燥

1. 先植株晾晒，后摘果晾晒

将花生从地下翻出，植株带果在地上条铺，使根、果向阳，在田间晾晒2～3d后再摘果，之后将荚果晾晒至可安全储存的水分。

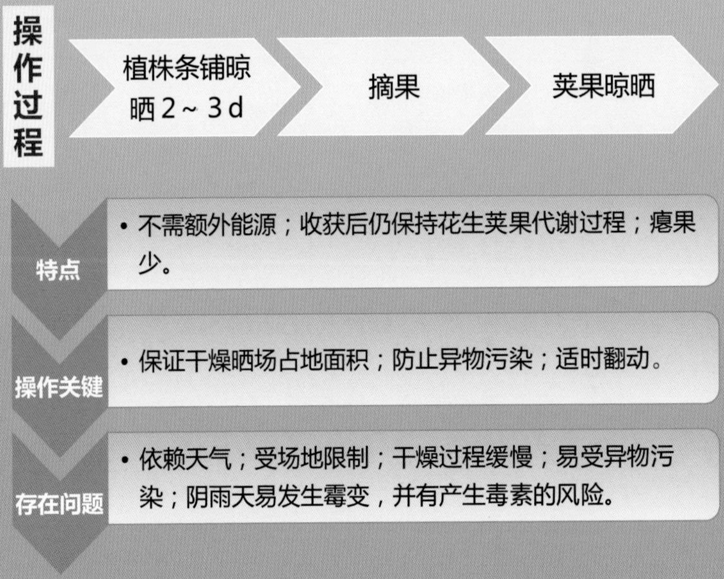

操作过程：植株条铺晾晒2～3d → 摘果 → 荚果晾晒

特点
- 不需额外能源；收获后仍保持花生荚果代谢过程；瘪果少。

操作关键
- 保证干燥晒场占地面积；防止异物污染；适时翻动。

存在问题
- 依赖天气；受场地限制；干燥过程缓慢；易受异物污染；阴雨天易发生霉变，并有产生毒素的风险。

2. 先带株晾晒，收集堆积，再适时摘果，再行晾晒

花生收获后，将花生植株带荚果在地上条铺晾晒，晾晒2～3d后，将花生带株堆积（雨天可苫盖），待至有时间时人工摘果或采用摘果设备摘果，然后将荚果晾晒至安全水分10%以下。

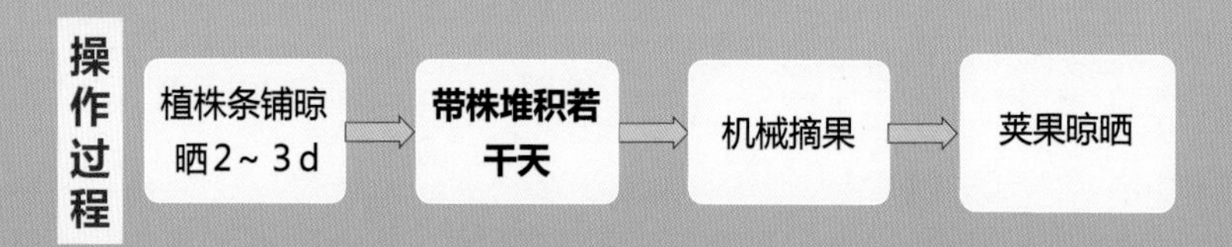

特点：不需额外能源；收获后仍保持花生荚果代谢过程；瘪果少；缓解天气突变的影响。

操作关键：保证干燥晒场占地面积；防止植株堆积过程发热霉变；堆积地保持通风干燥。

存在问题：依赖天气；受场地限制；干燥过程缓慢；易受异物污染；阴雨天易发生霉变，并有产生毒素的风险。

3. 直接采摘湿荚果晾晒

花生收获后，直接采用摘果机将荚果与母株分离，然后将高水分荚果摊到晾晒场地，适时翻动，自然晾晒至安全水分10%以下。

操作过程

1 田间收获 → 2 机械摘果 → 3 荚果晾晒

特点

- 不需要额外能源
- 操作简便

操作关键

- 足够的晒场
- 荚果晾晒厚度不宜过大
- 需多次频繁翻晒

存在问题

- 依赖天气
- 受场地限制
- 干燥过程缓慢
- 易受异物污染

4. 车载烘干

将田间初步干燥的花生收获装入干燥车，移至干燥车间后进行热风干燥。

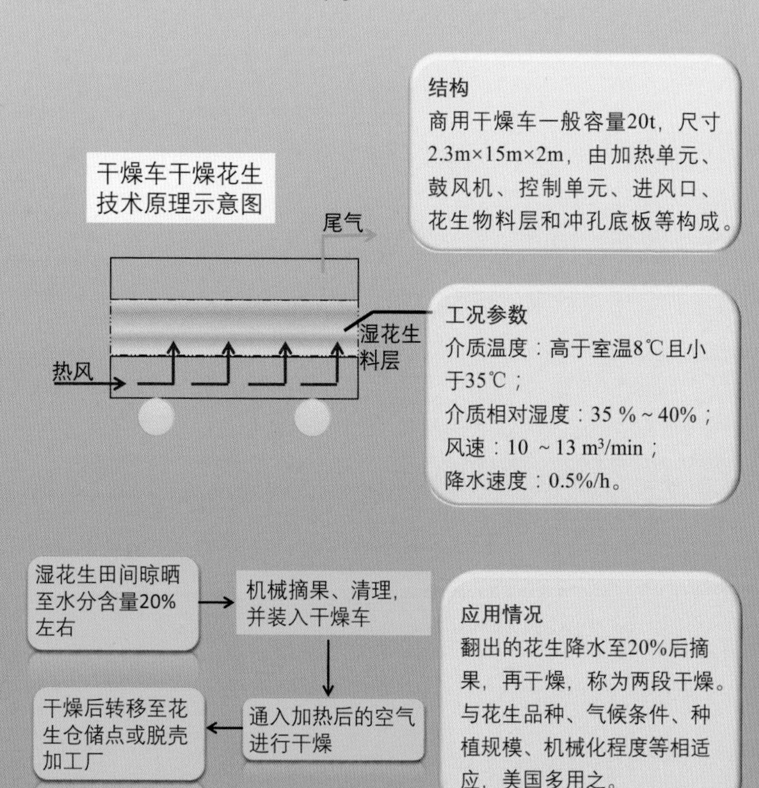

干燥车烘干花生的主要步骤

5. 箱式烘干机干燥

将湿物料装入料层箱内，通过其底面的通风孔板吹入热风进行干燥的机械。其热风产生能源目前多为燃油。该类干燥机基于谷物干燥而研制，对花生干燥的适用性尚有待调整与改进。

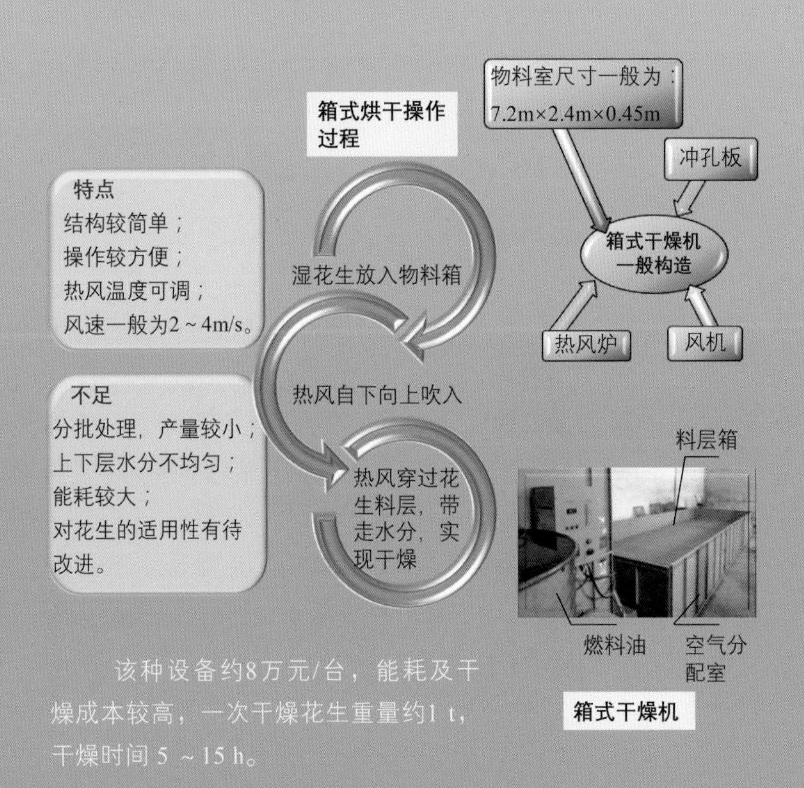

箱式干燥机

6. 烘房烘干

在建立的专用烘干室内，设置若干物料架，将花生摊于货架上，或装入网袋后放置货架上，通过吹入室内热风将花生烘干。此为薄层干燥的一种方式。

烘房干燥操作过程

- 第1步：湿花生装入网袋，放在烘房内的货架上
- 第2步：加热空气通入烘房
- 第3步：排出较湿的废气，完成干燥

结构	优点	不足
由房间、货架、风机、加热部件、储气室、排风口等组成。	结构简单； 操作方便； 可利用热泵或太阳能作为热源，能耗较低。	处理量小； 干燥均匀性较差； 投资较高； 耗能及干燥成本较高； 占用场地较大； 批处理时间24～48h。

（四）大型花生烘干机（备选技术）

花生果晾晒脱水时间跨度长，劳动强度大，还会遇到降雨等灾害天气，影响花生果的品质。花生果烘干设备大幅度缩短了脱水时间，有效避免了自然灾害带来的损失，降低了生产成本。以下以一款卧式花生干燥机的设计简况为例。

工艺流程：

湿花生果运输车→花生果缓冲仓→输送机→清理筛→输送机→分料器→烘干仓→烘干→卸料→输送机入仓。

技术参数	优点	不足
适用品种：湿花生果 产量：300t/批（日） 降水幅度：50%～16% 装机功率：347kW 秸秆耗量：850kg/h 烘干室数量：20个，15t/室 占地面积：2000 m²	集中处理，效率高； 低温烘干，烘后产品品质好； 采用清洁能源； 节约设备和基建投资。 可以兼顾烘干玉米、小麦、水稻、辣椒。	投资较高； 耗能及干燥成本较高； 占用场地较大。

（五）花生的就仓通风降水

在仓房地坪上设置通风系统（通风道）后，将花生堆存于上，再进行通风干燥。适用于高于安全水分3%以内的花生果的干燥；批处理时间5～15d；处理量与仓内容积有关。

花生果料堆高度不宜超过3m；上下层水分差异较大时，可换向通风或倒仓。适用于大批量操作，兼可就仓储藏，需要事先配备通风系统。

组成　仓房 + 加热鼓风装置 + 通风管道

花生果堆放于仓中（地坪铺有地上通风笼，或后期插入立体通风管），上层扒平，以保证料堆整体受风均匀。

就仓干燥基本过程

应用实例：某农业合作社在某花生收获期遭遇连绵阴雨的情况下，对仓储花生堆垛进行通风，可有效延缓花生的发热霉变。此种方式在国外也有应用与研究。

（六）花生就仓通风中对通风道的技术要求

平房仓储存时，计算和安装通风管道需做到通风管道与仓房墙壁的距离不应大于管道之间距离的一半。

料堆下通风道管道间的布置距离应不大于料堆高度的1/2。

在平房仓风道间距L不大于6m的情况下，空气途径比K与料堆高度H的关系为：$K=1+L/(2H)$

空气途径比是指空气从空气分配器穿过粮层到达粮面的最长路径与最短路径之比。一般空气途径比为1.5～1.8。

实际应用中，通风管道的长度一般不超过25m。

生产应用中，通风系统由通风机、通风控制装置、风量调节装置、风道、空气分配装置等组成。该系统通风方式常用地上笼，风道可采用一机二道、一机三道及一机四道等。装料前，应对通风系统的各支风道的风量进行调试，使各风道入口断面处的平均风量大致相同。

（七）花生就仓通风中通风量的参考

单位通风量是指每小时每吨物料所需的风量。

选用离心式或轴流式风机的通风系统，单位通风量应小于20m³/（h·t）。

我国生产实践表明，粮食通风降水时，粮食水分为16%时，单位通风量一般应不低于40m³/（h·t）。粮食水分为24%时，单位通风量可选到400³/（h·t）。

对于水分为20%以下的粮食，单位通风量选为80～200³/（h·t）是适宜的。

料堆的高度应以3m为佳。

单位通风量越大则降水效果越显著，而其单位电耗量也随之加大。

花生荚果堆的孔隙度较大，同样料堆情况下，通风降水效果会更好。

（八）通风抑霉干燥

对于湿花生荚果，在缺乏烘干设备和晾晒条件的情况下，可对堆存的料堆进行通风处理。

处于通风或吹风状态下的花生堆垛，其内部因花生呼吸和霉菌活动产生的热量、水分等被气流带至堆垛外，使得花生堆垛内的微生物活动受到抑制，不致于霉变、发热等。

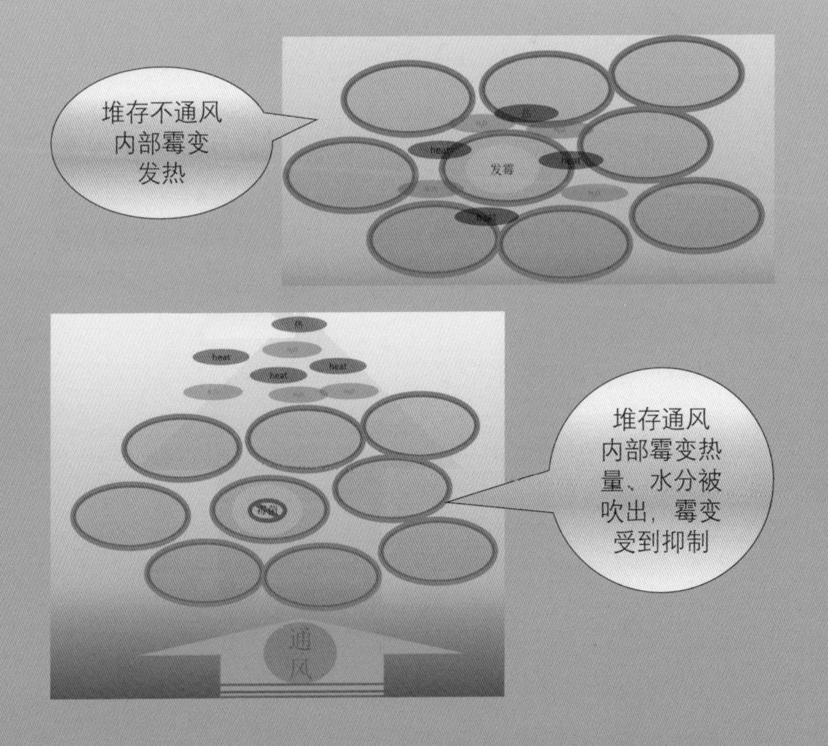

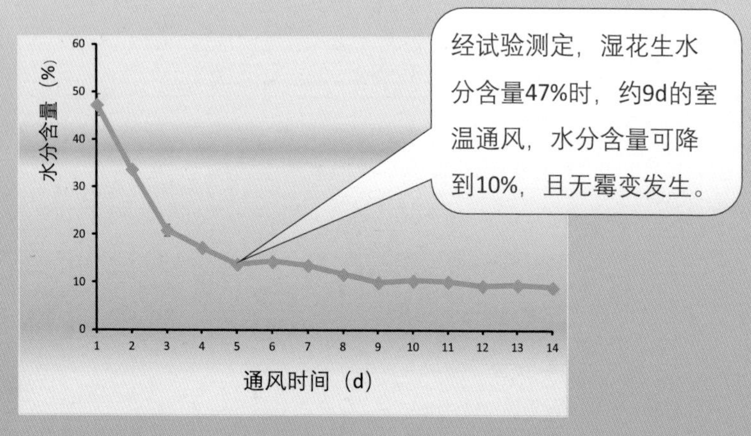
经试验测定，湿花生水分含量47%时，约9d的室温通风，水分含量可降到10%，且无霉变发生。
水分含量（%）
通风时间（d）
60
50
40
30
20
10
0
1
2
3
4
5
6
7
8
9
10
11
12
13
14

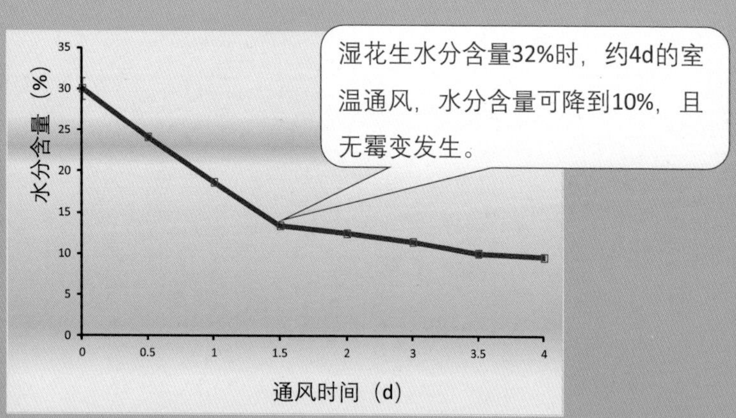
湿花生水分含量32%时，约4d的室温通风，水分含量可降到10%，且无霉变发生。
水分含量（%）
通风时间（d）
35
30
25
20
15
10
5
0
0
0.5
1
1.5
2
3
3.5
4

（九）适用于散装花生荚果通风抑霉降水的储囤

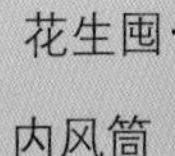

花生干燥通风囤

通风囤干燥花生操作过程

湿花生装入通风囤（冲孔钢板围成）

连接通风囤、风筒与风机

风机将外界室温空气送入通风囤中

尾气从外层孔眼排出

组成：由侧壁通风的储囤、内风筒、风机及通风管道组成。

特点：设备投入小（1万～2万元）；单机单次可处理0.5 ～ 3t湿花生；干燥较均匀；除风机能耗外，不需能源设备；通风散热兼可有效抑制霉变发热；降水周期约3 ～ 7d。

注意事项：防止气体短路造成的通风不均。

（十）适用于网袋装花生荚果通风抑霉降水的储囤

花生荚果装入塑料网袋，装满程度占网袋容量的60%～70%，然后密集装入储囤中，即装料后整体料层密实均匀，避免通风短路。

通过囤中心部位设置的气室将风机吹入的空气径向通过料层，可抑制花生霉变，并逐步降至安全水分。

储囤的尺寸、容量、配置风机型号见下表

直径（m）	高度（m）	装料容积（m^3）	配置风机型号
1.8	1.5	3.5	4-72No6C- 3kW
2.0	1.5	4.3	4-72No6C- 3kW
2.2	1.5	5.0	4-72No6C- 5.5kW
2.4	1.5	5.7	4-72No6C- 7.5kW

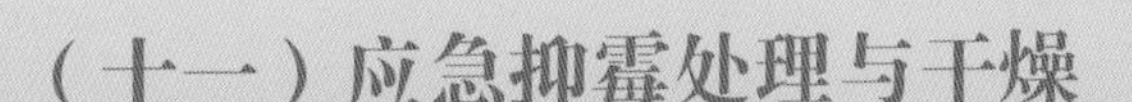

（十一）应急抑霉处理与干燥

1. 应急通风网袋堆垛

当收获后遭遇阴雨天气，或在批量收获的花生荚果缺乏干燥装备处理时，可考虑采用应急储存通风垛处理，此过程可以在短时间内抑制霉菌，避免发热，也有一定降水作用。

> 试验测定，水分达47.3%的花生果在13 ~ 21 ℃、相对湿度50% ~ 90%条件下进行通风，比未通风的同样的花生延缓霉变，13 d后水分有明显下降。

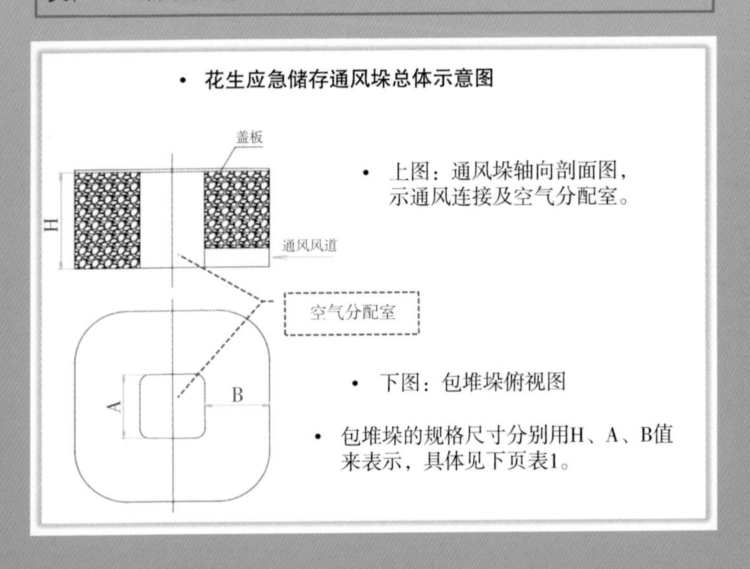

2. 风机选用

应急处理堆垛搭建时采用网袋装料，装满至六七成即可。

堆码时做到袋间紧密，不留空隙，促使风机充入气室中的空气均匀透过料堆。

不同规模料堆需要配置的通风风机型号见下表。

表1　应急储存通风垛通风风机选用

内边长A值（m）	高度H值（m）	装料厚度B值（m）	花生囤容积（m^3）	相当花生重量（以水分40%～50%计，容量370kg/m^3）（kg）	可配风机型号
0.5	1.5	1	9.00	3330	4-72No4A-5.5kW、4-72No4.5A-7.5kW、4-72No6A-4kW
0.6	1.5	1	9.60	3552	
0.8	1.5	1	10.80	3996	4-72No6C-（5.5、7.5、11kW）
1.0	1.5	1	12.00	4440	
1.2	1.5	1	13.20	4881	4-72No8C-（11kW）
1.5	1.5	1	15.00	5550	
1.8	1.5	1	16.80	6216	4-72No10C-（15kW）
2.0	1.5	1	18.00	6660	4-72No10C-（18.5kW）

（十二）应急处理堆垛构建说明及注意要点

1. 将湿花生装入网袋，装满程度至60%～70%，以堆砌时包间紧密，包间无透气缝隙为好，主要是要**防止气流短路。**

2. 上面用不透风的盖板封闭（或用塑料布封闭，塑料布上用重物压住），不得透气，以**促使气流横向穿过**包垛层。

3. 网袋码垛时要交错排列，缝隙可用花生或软的物品封闭，**以防漏风**。

4. 通风管与风机**连接紧密不漏气**，风管深入包堆的开口至垛中间的空气分配室。

5. 不透风且直径合适的金属或塑料管做通风管，也可用彩条布或帆布制作通风管。风管连接使用中**风全部进入垛中空气分配室**，跑漏气会严重影响通风效果。

三、花生的储藏

（一）花生储藏的现状与主要问题

现状	• 花生荚果可采用包存或散存的方式，储藏方式有室内袋装垛存（主要方式）、室外囤存、室内散装堆存等。储存环境可有常温、低温、冷库储藏等。 • 花生仁的储藏：少量的花生仁一般采用低温或气调进行储藏；大量花生仁包装后码垛储藏于仓房中，包垛高度可达4~5m。

主要问题及注意事项

花生荚果储藏问题

- 花生荚果吸湿性强，储藏易吸湿返潮，严重时霉变。环境温度高、时间长易于变质。
- 仓储过程中还易于受到有害生物侵害，如害虫危害损失等。

花生仁储藏问题

- 包装花生仁码垛高度不能太高，否则底部会压出油，也不利于通风散热降湿。
- 花生仁储藏过程中较易吸湿发热，脂肪容易酸败，应尽量采用低温储藏。
- 生虫季节易于受害虫感染危害。

（二）温湿度对花生储藏的影响

温度

- 温度高时，花生呼吸代谢旺盛，易于霉变。
- 堆存花生温度达25℃以上，且水分偏高时，花生易于发热霉变等。

- 低温可抑制霉变，品质变化也较慢。
- 通常堆温控制在20℃以下可明显延长安全储藏时间。

- 应尽量或必须将花生置于低温环境存放，适当通风降温，或有条件时进行冷库储藏等。

湿度

空气湿度大，干花生较易潮，水分升高，促使霉菌活动或生长加快，加速花生品质劣变。

花生果水分含量10%以下，花生仁水分含量8%以下，空气相对湿度低于70%，较有利于花生安全储藏。

保持干燥环境的措施有干燥剂、通风除湿、防潮处理、密封包装等。

（三）包装方式对花生储藏的影响

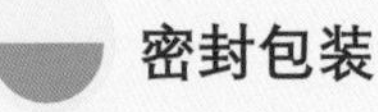

密封包装

薄膜袋等密封包装能够阻隔氧气，减缓氧化，从而有效地延缓花生变色，保持花生的色泽。但有时因生热结露等对于初期储存不利。

- 储藏初期，花生旺盛的呼吸作用消耗氧气，放出大量热能，薄膜袋密闭包装袋内发热会对花生种胚造成伤害；
- 随时间延长，袋内缺氧的环境造成无氧呼吸，产生醛、醇类有害物质损害胚细胞而导致花生发芽能力下降。

透气包装

编织袋和麻袋透气包装初期保持色泽效果差异不明显，时间延长花生色泽易于发生变化。透气包装储存应加强环境条件控制。

透气包装时，当环境温湿度及氧气含量适宜时便会引发虫害生长和繁殖。通常情况下，从4月份开始，气温逐渐升高，相对湿度较大时，包装内的花生还会吸湿返潮。

参考：根据情况，储藏初期的1～2 个月，密闭包装不利于水分和热量散发，为了散发呼吸作用放出的水分和热量，应选择通气性和透湿性好的麻袋及编织袋包装；

到了高温高湿的夏季，透气包装易受温、湿、气、虫等影响，为了阻隔水汽和氧气，抑制虫害发生，选择相对密闭的薄膜袋包装来抑制虫害发生。

（四）气体对花生储藏的影响

气体影响	花生仁富含脂肪和蛋白质，容易发生劣变。 适宜的包装能够减少温度、氧气、光线等外部因素的影响，减缓储藏品质的劣变。 研究说明，密封包装及气调环境下的品质及氧化稳定性，气调包装储藏能够有效防止花生及其制品油脂氧化。

充气（CO_2或N_2）包装储藏的花生仁抑制脂肪氧化的效果明显优于真空包装和自然空气包装，说明花生仁储藏过程中与密闭环境里的空气自发地进行氧化，而充气包装延缓了氧化酸败的速度。

包装材料

水蒸气和 氧气透过量越低，储藏效果越好。几种材料试验说明，水蒸气和氧气透过量从小到大依次为：PA/PE 5层共挤袋 > PA/PE 复合12丝袋 > PA/PE 复合10 丝袋 > BOPA/LDPE 复合袋。

气体比较

- 充气密闭储藏研究发现，二氧化碳包装和充氮储藏都能有效保护花生仁品质，但充氮储藏的花生仁的外观较暗，外观商品特性不如充二氧化碳胶实包装处理效果。
- 自然存放储藏的花生，前 3 个月花生的过氧化值和酸价增高明显加快。

（五）花生储藏中某些物质的变化

据报道，不同储藏条件下，随着时间的延长，脂肪酸含量会发生相应的变化，其中最明显的是油酸（C18：1）和亚油酸（C18：2）。油酸含量升高，亚油酸含量则大幅下降。储藏温度越高，亚油酸下降速度越快，幅度越大。

油酸/亚油酸（O/L）的比值可以反映花生的品质，4℃下冷藏可以较好地维持花生脂肪酸组成，经过12个月的储藏，其O/L值从0.94上升至0.96，在常温低湿储藏条件下，前9个月中O/L值升高幅度较小，而随后3个月中O/L值大幅升高。

常温常湿储藏花生的O/L值随时间线性升高，在前3个月中脂肪酸品质变化不明显，后期O/L值达到了1.54，亚油酸破坏严重。

随着储藏时间延长，花生酸、芥子酸等脂肪酸含量下降，而软/硬脂酸、山嵛酸等脂肪酸含量缓慢增加，这种变化在温度较高的储藏环境下更为明显。

花生不饱和脂肪酸所占比值随着储藏时间增长会缓慢减少，这很大程度上是不饱和脂肪酸被氧化的结果。

（六）花生的低氧储藏

降低环境中适当浓度的氧气，可以降低花生代谢速度，延长花生休眠时间，抑制虫霉及其危害。

低氧浓度要求

氧气浓度控制在2%以下可使花生安全储藏；可在一定条件下通过生物降氧和人工气调降氧实现；保持低氧的前提条件是环境密闭。

生物降氧

通过花生自身或人为培养的生物体呼吸，消耗密闭环境中的氧气，达到缺氧（同时二氧化碳浓度升高）的状况。

人工气调

向密闭环境中充入氮气或二氧化碳，置换原有空气，降低环境中氧气含量。小型包装时也可通过使用脱氧剂辅助降氧。

（七）花生的氮气气调储藏

向密闭环境中充入氮气，可有效抑制花生品质劣变及虫霉生长。

充氮气调储藏要求浓度	氮气浓度应不低于95%。氮气浓度越高对花生品质的保持越有利。
氮气来源	小包装可使用钢瓶液氮充气，大规模气调可采用碳分子筛和膜分离富氮脱氧制氮机。

小包装充氮气调图例

（八）花生的二氧化碳气调储藏

二氧化碳

二氧化碳可有效抑制虫霉呼吸和繁殖，并能抑制花生生理活动，有效延缓花生品质劣变。

气调所需浓度

抑制花生中有害生物繁殖的二氧化碳浓度应不低于40%。

一般应用

一般将二氧化碳压缩成液体，储存于高压容器内。二氧化碳可用于小包装花生气调储藏。

二氧化碳小包装气调储藏花生

（九）花生的真空储藏

真空储藏原理

真空储藏又称减压储藏、负压储藏，是通过真空泵将花生储存空间的空气抽出，形成负压，使空间低氧或绝氧，从而抑制虫霉活动，保持花生品质。

真空度的适宜范围

适宜花生储藏的真空包装应达到0.06MPa的真空度，真空度不足则花生易于氧化酸败，真空度太高时，会导致花生壳内瘪、花生仁变形、出油等。

注意事项

真空储藏主要用于小包装花生储藏，要选择氧透过率小的密封材料包装，防止碰撞等机械损伤导致的包装材料破损。

（十）花生的控温储藏

采用通风或制冷的方式降低环境温度，并控制花生堆处于低温状态，以延缓花生品质劣变。

控温措施

通风降温

将外界低温低湿的空气用风机送入花生堆，使堆内外气体进行湿热交换，带走花生堆内积热，降低温度。控制温度在20℃以下为好。

隔热防潮

保证控温技术的前提是仓房具有良好的隔热保温性能。仓房围护结构尽量选用膨胀珍珠岩、沥青、油毡等隔热防潮效果好的材料。

空调或谷冷机控温

可采用窗式空调机对整个花生储藏仓房制冷。也可用谷冷机将低温低湿空气通入花生堆，进行控温去湿操作等。

（十一）花生荚果的储藏

花生荚果因带有外壳，具有一定的储藏保护作用，较有利于储藏。

花生荚果储藏方法

- 主要包括散存囤储、室内散存、室内装袋垛存、低温冷库储藏。我国多采用室内装袋垛存。

室内装袋垛存

- 宜用透气的麻袋或编织袋装袋堆放，不宜使用塑料袋。
- 一般室内存储的堆垛高度不宜高于2m，最好不超过5层，以保证安全。

低温冷库储藏

- 可将袋装花生置于5 ~ 10℃的低温冷库中储藏。
- 这种方式效果好，但冷库建设和运行费用较高。

（十二）花生的仓储

储藏花生的仓房应是阴凉、干燥及隔热的专用仓房，并有良好的通风设施和通风条件。入仓花生果和花生仁的温度都要尽量低，采用低温储藏过夏的花生入仓温度应保持在20℃以下。

质量要求

- 入仓花生的质量指标应符合GB 1532的规定。
- 入仓花生的卫生指标应符合GB 19641的规定。
- 入仓花生果水分应达到10%以下，普通花生仁水分应达到9%以下，珍珠型小花生仁水分应达到7%以下。

入仓前处理

- 运输设备和装具不应对花生造成污染。
- 花生入仓应合理使用输送设备，避免和减少破损、降低扬尘，避免杂质聚集。

设施设备

- 储藏花生的仓房设施与设备配置应符合LS/T 1211 中的相关规定。

（十三）花生荚果的仓储

花生荚果储藏方法可采用室内装袋垛藏、室内囤藏或室内散藏等，可根据具体条件选用。

室内袋装堆垛

- 室内袋装堆垛储藏时，采用的包装袋以塑料编织袋和麻袋为好,避免用不透气的塑料袋储存。
- 堆垛大小、高度应以确保花生果质量安全和便于通风降温散湿为原则。

仓内围囤

- 仓内围囤储藏，围囤要离开墙壁，囤底铺13 ~ 17cm干沙和秸秆。囤高不超过1.5m，囤径不超过2m，上面不封盖顶。囤垛距墙壁以及囤垛距囤垛之间留出至少0.5m通风道。

特别注意

- 花生荚果过夏储藏应低温储藏。

（十四）花生仁的仓储

花生仁储藏适宜采用室内装袋堆垛储藏，也可以采用露天装袋堆垛储藏，短时间的暂存也可以采用立筒仓储存，长时间的过夏储存应采用低温库储藏。

装袋堆垛

- 装袋堆垛储藏的堆积高度以不超过14个包高（约3m）为宜。
- 堆垛不宜太大，以利通风和检查。较大的堆垛，每隔8个包应留出30cm宽的通风道。

包装选择

- 花生仁袋装储藏以麻袋和塑料编织袋为好,避免用不透气的塑料袋储藏。
- 使用麻袋包装储藏时，麻袋应符合LS/T 3801的规定。
- 使用编织袋储存时，编织袋应符合GB/T 8946的规定。

特别注意

- 花生仁包装袋要结实，扎口要严，不应产生撒漏。
- 堆垛要合理交错，整齐、牢固，避免歪斜，确保设施及人员安全。

（十五）花生仁的大型仓储

花生仁散存于大型仓房中，需配置通风、制冷、气调等设施。

易出现问题

入仓破碎、自动分级、不易取样、挤压受损等。

应用实例

具有防破碎、防分级装置及冷冻盐水制冷、气炮清仓等大仓花生仁储藏技术已在河南三源粮油食品有限责任公司得到应用。

储仓规模

单仓直径20m，

装料高度17m，

单仓容量7000t。

（十六）花生仓储中特殊情况处理

当发现仓房内的花生有不正常的温度升高现象时，应迅速查明原因，并根据具体情况立即采用通风降温、仓内翻倒或机械倒仓等办法降低料温。

储藏处理

- 新收获的花生储藏稳定性差，易发热霉变，储藏过程品质变化快，宜采用干燥储藏、通风储藏、低温储藏。花生干燥储藏、低温储藏、密闭储藏、机械通风储藏按LS/T 1211规定进行。

虫霉防治

- 当发现储藏的花生有严重的发热霉变，且花生中霉变籽粒含量超过国家油料卫生标准规定时，应单独封存，报请有关部门处理，避免感染黄曲霉毒素花生仁再作为食用油料加工。
- 当发现储藏的花生有感染病虫害时，应根据病虫害的感染程度采取相应的技术措施进行杀虫处理。

特别注意

- 存放的花生应有明确标志，即货位登记卡，并在卡上标明产品名称、质量等级、收获年度、产地等内容。

（十七）花生油的储藏

花生油含有很高比例的不饱和脂肪酸，储藏不当容易氧化分解，生成醛酮类物质，导致酸败，并产生气味上的改变。

储藏条件

- 低于20℃，含水量要小于0.2%。
- 于真空、充氮气或二氧化碳，或采用密闭容器或透气性低的包装材料包装下避光储藏。

塑料桶装（小包装）

- 成本低；
- 方便实用；
- 桶中的塑化剂会部分溶解于花生油中。

罐储

罐储在加工厂常用，应做到：

- 避光；
- 隔氧；
- 低温。

四、花生储藏中真菌毒素的防控

（一）花生中的主要霉菌

花生是易于霉变和产生毒素的油料之一，避免霉变是保持其质量完好的重要基础。

黄曲霉(*Aspergillus flavus*)、寄生曲霉(*Aspergillus parasiticus*)，均为自然环境中常见霉菌，多见于花生、玉米等，可致霉变，多数菌株可产生黄曲霉毒素。

黄曲霉、寄生曲霉能在含氧量极低的环境中生长。在充入二氧化碳的冷库中，黄曲霉、寄生曲霉生长缓慢，可明显延缓黄曲霉毒素形成。

黄曲霉、寄生曲霉生长产毒的环境条件		
环境条件	生长　（最适）	产毒　（最适）
温度（℃）	8～42（32）	12～40　（25～35）
水活度（a_w）	>0.80（～0.95）	>0.85　（>0.98）
酸碱度（pH值）	2.0～11.2	3.0～8.0

注：水活度（a_w）是指一定温度下基质水蒸气压与纯水水蒸气压之比，代表基质中可利用水。

（二）花生产毒的主要环节

1 地下果实收获不及时，易于生霉或产生毒素

干燥是防止霉变产毒的重要基础

2 收获后晾晒期干燥不及时，易于霉变或产生毒素

3 储藏期潮湿环境中吸湿发霉或产生毒素

（三）关于黄曲霉毒素的一般知识

黄曲霉毒素主要是黄曲霉、寄生曲霉产生的次生代谢产物，为一类化学结构类似的二呋喃香豆素的衍生物，在湿热地区食品和饲料中出现频率较高。

黄曲霉毒素于**20**世纪**60**年代，因英国火鸡大批死亡的“火鸡**X**病”事件而被研究发现，在解剖死亡火鸡时发现，肝脏出血、坏死，肾脏肥大，病理检查时，发现肝实质细胞退行性病变，胆管上皮细胞异常增生。

较容易受黄曲霉毒素污染的有玉米、大米、花生，其次是大麦、小麦。

黄曲霉毒素种类繁多，有**B**系、**G**系、**M**系，主要包括B_1、B_2、G_1、G_2、M_1、M_2等，其中以黄曲霉毒素B_1毒性最高。

（四）黄曲霉毒素的若干去除方法简介

化学法	臭氧氧化法主要适用于花生籽粒、花生饼粕等固体原料。碱法主要适用于含水量较高的植物油脂。
物理法	采用浮选、风选、色选、光电分选等方法剔除破损的、霉变的、变色的花生果、花生米，以达到削减黄曲霉毒素含量的目的。
磨石辊子法	采用改良磨石辊子脱皮的方法，将花生表层感染了黄曲霉的部分去除，从而达到降低黄曲霉毒素的目的。适用于黄曲霉毒素超标花生仁的挽救性处理。
生物法	某些微生物菌株在生长代谢的过程中可产生黄曲霉毒素降解酶；在降解酶的作用下，黄曲霉毒素被分解成无毒的小分子物质，达到削减目的。目前尚处于研发阶段。
吸附法	采用活性炭、白土、硅藻土、膨润土、沸石粉、珍珠岩、酵母细胞壁等物质将黄曲霉毒素吸附到材料中，降低毒素毒害风险，主要应用于饲料行业。

五、花生储藏中虫害的防控

（一）花生储藏害虫概述

花生储藏害虫是指在花生储藏中能够对花生感染和造成危害的昆虫。这些昆虫通常也被称作储藏物害虫、仓储害虫、仓库害虫等。感染和危害花生的害虫中有许多种类也可见于原粮、粮油制品等动植物产品中。

资料显示，花生储藏可感染和危害仓库害虫20种左右，在昆虫分类学上多为隶属于鞘翅目和鳞翅目的昆虫。

鞘翅目昆虫也称为甲虫类昆虫，鳞翅目昆虫也称为蛾类昆虫。

甲虫主要以成虫和幼虫取食危害，蛾类主要以幼虫取食危害。

花生储藏中常见的蛾类害虫有粉斑螟、粉缟螟、印度谷蛾、四点谷蛾等。

常见的甲虫类害虫有锯谷盗、赤拟谷盗、花斑皮蠹、隆胸露尾甲、酱曲露尾甲、干果露尾甲等。

蛾类成虫

蛾类幼虫

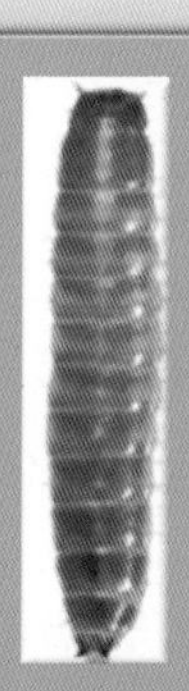

甲虫幼虫

甲虫成虫

（二）常见害虫与防治要点

1. 锯谷盗*Oryzaephilus surinamensis*（Linnaeus）

成虫

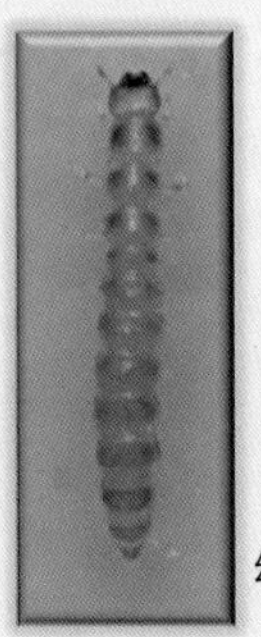
幼虫

• 识别特征

成虫体长2～3.5mm，扁长形，无光泽，深褐色，密被金黑色细毛。头部近三角形，复眼圆形、突出、黑色。前胸背板每侧各具锯齿6个；背面有3条明显的纵脊，中脊直，两侧脊呈弧形。

• 分布

世界各地；中国各省（自治区、直辖市）。

• 危害与习性

危害多数植物性储藏物。一年发生3～4代，最适发育温度30～35℃。

• 防治途径

清洁卫生和隔离防止感染；低温控制害虫；惰性粉等防护；密闭条件缺氧、充氮气调；磷化氢密闭熏蒸。

2. 赤拟谷盗*Tribolium castaneum*（Herbst）

成虫

幼虫

• 识别特征

成虫体长3～4mm，长椭圆形，全身赤褐色，略有光泽。复眼黑色，较大。腹面观，两复眼的间距等于复眼的横直径。侧面观，触角11节，末3节明显膨大成锤状。

• 分布

世界各地，中国各省（自治区、直辖市）。

• 危害与习性

食性复杂，危害多种植物产品。一年发生4～6代。成虫寿命为226～547d。

• 防治途径

清洁卫生防治;有条件时气调或熏蒸杀虫，磷化氢熏蒸浓度300 mL/m³以上，处理3周以上；可用惰性粉等防护；低温可有效控制害虫。

3. 花斑皮蠹*Trogoderma variabie* Ballion

• 分布

中国大部分省（自治区、直辖市）。

幼虫

成虫

• 危害与习性

幼虫严重危害花生等。适宜温度17.5 ~ 37.5℃。最适发育温度为30℃，相对湿度70%。

• 识别特征

椭圆形，背面隆起，体表被毛。头下倾。头及前胸背板黑色。触角棒状。鞘翅在近基部、中部和近端部各1条有淡色斑纹。

• 防治途径

清洁卫生防治；去除藏匿场所以防止感染；气调或磷化氢熏蒸杀虫；可用惰性粉拌和防止害虫。

4. 隆胸露尾甲*Carpophilus obsoletus* Erichson

成虫

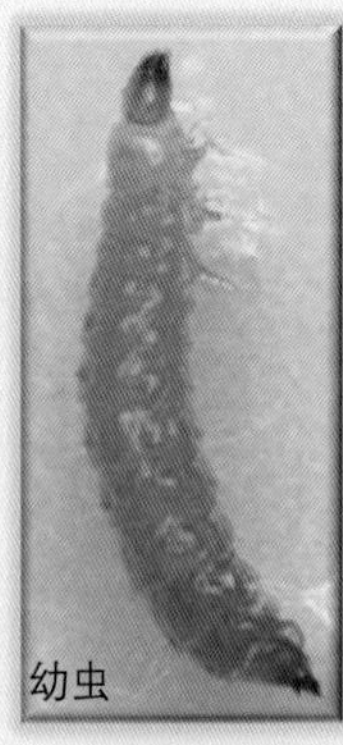
幼虫

• 分布

辽宁、天津、陕西、河南、安徽、湖北、湖南、浙江、江西、四川、广东、广西、云南、台湾。

• 识别特征

体长2.3 ~ 4.5mm，约为宽的倍，两侧近平行，背方略隆起，疏生褐色毛。表皮栗褐色至近黑色，有光泽。鞘翅肩部及前胸背板两侧有时色泽稍淡且带红色，足及触角基部数节呈赤褐色或黄褐色。

• 危害习性

危害多种植物种子，一年发生5 ~ 6代，每头雌虫产卵约为80粒，幼虫期36 ~ 59 d。

• 防治途径

保持环境干燥和清洁卫生；防止感染；物料完整、水分干燥可有效防治之。

5. 酱曲露尾甲*Carpophilus hemipterus*（Linnaeus）

• 分布

福建、广东、广西、云南等省（自治区、直辖市）。

幼虫

成虫

• 危害习性

喜潮湿环境。多发生于粮仓、酿造厂、米面加工厂、中药材库及食品仓库潮湿与霉变的粮食中。

• 识别特征

褐色至暗褐色。触角末3节膨大呈锤状。每鞘翅的肩部及端部各有1个黄色斑，斑的边缘清晰。后足胫节两侧不平行。鞘翅短，腹末2节外露。

• 防治要点

保持环境干燥和清洁卫生；防止感染；物料完整、水分干燥可有效防治之。

6. 干果露尾甲*Carpophilus mutilatus* Erichson

成虫

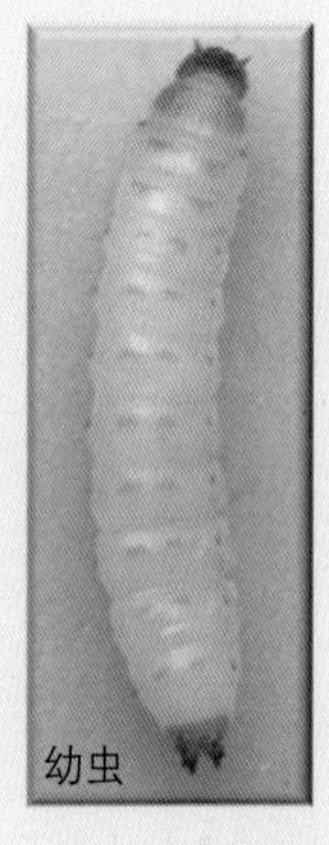
幼虫

• 分布

世界各地；中国各省（自治区、直辖市）。

• 识别特征

表皮淡锈褐色至黑色，略有光泽。前胸背板宽约为长的1.5倍，近基部处最宽。鞘翅两侧近平行。前胸腹板中突无隆脊。

• 危害习性

一年可繁殖数代，每代历期与温度有关，幼虫共3龄，喜高湿，多以老熟幼虫、蛹、成虫在田间土下及废弃物或仓内各种缝隙中越冬。

• 防治要点

保持环境干燥和清洁卫生；防止感染；物料完整、水分干燥可有效防治之。

7. 粉斑螟*Cadra cautella*（Walker）

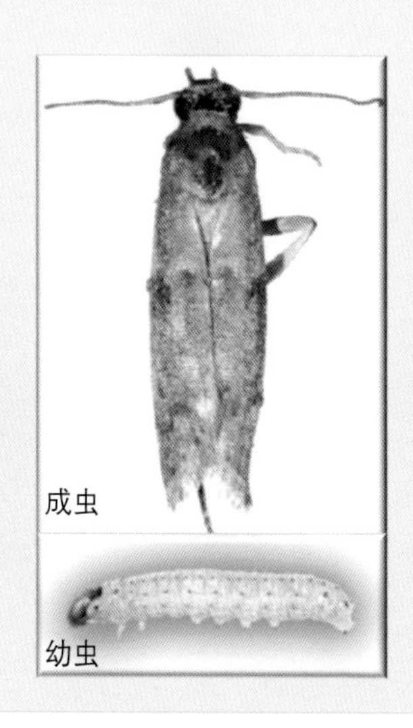

- 识别特征

成虫体长6.5～7 mm，静止时连翅长8～9 mm。灰黑色。有喙，下唇须发达，弯向前上方，可伸达复眼顶端。前翅长三角形，翅面暗灰色。

- 分布

世界各地；中国各省（自治区、直辖市）。

- 危害习性

一年发生4代。以卵产于被害物的表面。幼虫有吐丝结网或连缀食物并潜伏其中危害的习性，吐丝结茧化蛹或越冬。

- 防治要点

清洁卫生防治，隔离防止感染；成虫可用引诱剂和诱捕器诱杀；熏蒸杀除需磷化氢浓度在300mL/m^{3}以上熏蒸3周以上；可用凯安保（溴氰菊酯）等为防护剂。

8. 粉缟螟*Pyralis farinalis*（Linnaeus）

成虫

幼虫

• 识别特征

前翅较宽阔的三角形。前翅在近基部1/3和端部1/3处各有一条白色纹，第一条呈弧形，第二条呈波浪形。两白色纹之间为污黄色，其余部分为褐色。

• 分布

世界各地；中国各省（自治区、直辖市）。

• 危害习性

幼虫危害麦类、粉类、破损的粮粒，常见于潮湿腐败的粮食中。发育的最适温度为24～27℃，相对湿度89%～100%。

• 防治要点

清洁卫生防止其感染与发生；可用凯安保（溴氰菊酯）防护；加强储藏场所隔离防护。

9. 印度谷螟*Plodia interpunctella*(Hübner)

• 识别特征

赤褐色，前翅长三角形，亚基线与中横线之间为灰黄色，其余为赤褐色并散生有紫黑色斑点。后翅灰白色。前、后翅缘毛均短。

成虫

• 分布

世界各地；中国各省（自治区、直辖市）。

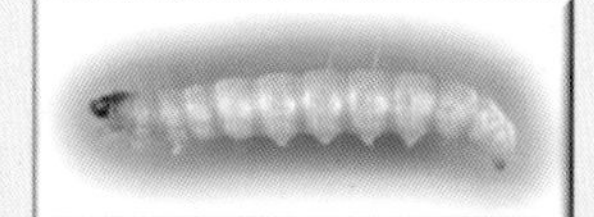

幼虫

• 危害习性

食性极杂，幼虫喜食粮食的胚部及表皮，并吐丝结网。每年发生4～6代。卵产于粮粒表面或包装物的缝隙中，单产或集产。

• 防治要点

清洁卫生防止感染与发生；可用引诱剂和诱捕器诱杀成虫以控制种群；磷化氢熏蒸需300mL/m^{3}以上的浓度熏蒸3周以上；可用凯安保（溴氰菊酯）等防护。

主要参考文献

白旭光. 2008. 储藏物害虫与防治（第二版）[M]. 北京：科学出版社，200-230，310-410.

陈红，熊利荣，王晶，等. 2012. 包装材料对常温花生耐贮性的影响[J]. 农业工程学报，28（3）：269-273.

单世华，万书波，邱庆树，等. 2007. 我国花生种质资源品质性状评价[J]. 山东农业科学，（6）：40-42.

付晓记，闵华，张敞，等. 2012. 脱皮花生仁充气包装贮藏技术研究[J]. 花生学报，41（4）：26-29.

付英. 2014. 原料花生贮藏技术研究综述[J]. 江苏农业科学，42（11）：312-314.

高奇，张瑛，刘泽，等. 2011. 花生种子脂肪酶活力定量测定及其与储藏特性的相关性[J]. 作物学报，37（9）：1 676-1 682.

何家林，冯健雄，付晓记，等. 2013. 花生二氧化碳充气包装贮藏技术研究[J]. 河南农业科学，42（5）：169-172.

何家林，冯健雄，闵华，等. 2011. 原料花生贮藏研究概况[J]. 农产品加工（学刊）（9）：100-103.

李秀缺，张薇，张爱菊，等. 2010. 花生中黄曲霉毒素的防控及去除方法[J]. 食品工程（2）：25-27，50.

刘丽，王强，刘红芝. 2011. 花生干燥贮藏方法的应用及研究现状[J]. 农产品加工•创新版（8）：49-52.

欧阳玲花，冯健雄，朱雪晶，等. 2014. 花生原料贮藏技术研究进展与展望[J]. 食品研究与开发，35（8）：125-128.

任斯忱，李汴生，申晓曦，等. 2012. 花生仁与核桃仁贮藏货架期预测模型[J]. 食品科学，33（14）：290-295.

申晓曦，李汴生，阮征，等. 2011. 水分含量对花生仁储藏过程中的品质影响研究[J]. 现代食品科技，27（5）：495-501.

史文青，薛雅琳，何东平. 2012. 花生挥发性香味识别的研究[J]. 中国粮油学报，27（7）：58-62.

万拯群.2008. 花生的低湿密闭贮藏[J]. 粮食贮藏，37（2）：13-14.

王安建，高帅平，田广瑞，等. 2015. 真空包装对花生贮藏效果的影响，河南农业科学，44（9）：125-128

王殿轩，白旭光，周玉香，等. 2008. 中国储粮昆虫图鉴，北京：中国农业科学技术出版社.

王殿轩，杜长安，张国治. 2016-6-29. 一种用于高大花生仁储备筒仓的采样器[P]. 中国专利：201310510603.1.

王殿轩，吴侠，杜长安. 2015-4-22. 花生仁储备仓[P]. 中国专利：201210170384.2.

颜建春，吴努，胡志超，等. 2012. 花生干燥技术概况与发展[J]. 中国农机化（2）：10-13，20.

袁贝，邵亮亮，张迪骏，等. 2016. 储藏条件对花生的氨基酸和脂肪酸组成及风味的变化影响[J]. 食品工业科技，37（08）：318-322.

张淳. 2007. 降低花生中黄曲霉毒素的物理加工[J]. 广西轻工业（4）：18-19.

张来林，薛丽丽，杨文超，等. 2012. 充氮气调对花生仁储藏品质影响的研究[J]. 河南工业大学学报，33（1）：27-33.

中华人民共和国国家质量监督检验检疫总局，中国国家标准化管理委员会. 2006. GB/T 20264—2006，粮食、油料水分两次烘干测定法[S]. 北京：中国标准出版社.

中华人民共和国国家质量监督检验检疫总局. 2009. GB/T 1532—2008，花生[S]. 北京：中国标准出版社.

中华人民共和国国家质量监督检验检疫总局. 2017. GB 5009.3—2016，食品中水分的测定[S]. 北京：中国标准出版社.

祝水兰，刘光宪，周水，等. 2015. 包装方式对花生仁气体密闭贮藏过程中脂肪的影响[J]. 食品与机械，31（2）：174-177.

Butts C L，Dorner J W，Brown S L，et al. 2006. Aerating farmer stock peanut storage in the southeastern US. Transactions of the ASABE，49（2）：457-465.

Ellis W O，Smith J P，Simpson B K，et al. 1994. Growth of and Aflatoxin production by *Aspergillus flavus* in peanuts stored under modified（MAP）conditions. International journal of food microbiology，22（2/3）：173-187

Girardi N S. Garcia D，Nesci A，et al. 2015. Stability of food grade antioxidants formulation to use as preservatives on stored peanut. Food Science and Technology，62：1019-1026.

Wilson D M，Jay R，Hill R A. 1985. Microflora changes in peanuts（groundnuts）stored under modified atmospheres. Journal of Stored Products Research，21（1）：47-52.

致 谢

本手册在编写成稿过程中，得到了国家花生产业技术体系的岗位科学家和综合试验站站长及相关专家的支持，针对中期征求意见稿提出了许多宝贵意见，对手册的形式与内容给予了肯定，河南工业大学粮食储运工程中心的许多博士研究生和硕士研究生也参与了审阅等工作。在此深表谢意！

由于编写时间仓促和编者相关知识水平有限，手册中难免有不足和错误之处，恳请读者和有关专业人士提出宝贵意见，以便日后工作中加以改进，对于您的不吝赐教，作者将万分感谢！

本手册的出版得到国家花生产业技术体系（CARS-13）资助。